AF310077

N° 288

Action Populaire

SÉRIE SOCIALE

René de BLIC

LA CRISE VITICOLE

et les

Coopératives de production

EN COTE-D'OR

8e Mille.

Le numéro : 0 fr. 25

PARIS
Maison Bleue
4, rue des Petits-Pères, 4

REIMS
Action Populaire
5, rue des Trois-Raisinets, 5

PARIS
Victor Lecoffre
90, rue Bonaparte, 90

240. H. DU PASSAGE. — *Association catholique de la Jeunesse française.*

241. E. ROSSAN. — *Vers un ordre social chrétien. Pensées détachées.*

242. Cᵗᵉ DE ROQUEFEUIL. — *L'Histoire de l'Œuvre des Cercles.*

243. Abbé BETHLÉEM. — *L'Œuvre du trousseau.*

244. Abbé BOULARD. — *Monographie d'une paroisse de la Mayenne.*

245. Michel ÉVIN. — *Syndicats féminins de la rue de l'Abbaye.*

246. R. GILBERT. — *Mutualité provinciale de l'Orléanais.*

247. H. CLÉMENT. — *La Désertion périodique des campagnes.*

248. M. ÉVIN. — *Les œuvres ouvrières de Clichy.*

249. Ch. SENOUTZEN. — *Le Val-des-Bois.*

250. Claire GÉRARD. — *Le label aux Etats-Unis.*

251. G. DESBUQUOIS. — *La loi du juste prix.*

252. H. CORDIER. — *Institut catholique des Arts et métiers de Lille.*

253. *Echange d'idées.*

254. *Le travail constructeur. Pages sociales.*

255. O. JEAN. — *Le Problème du travail : L'Eglise et l'esclavage.*

256. O. JEAN. — *L'Eglise et l'organisation du travail.*

257. ET. MARTIN ST-LÉON. — *Une crise économique. La vie chère.*

258. A. BANZET. — *Les Syndicats de l'Enseignement libre.*

259. H. CLÉMENT. — *Les Précurseurs de J.-J. Rousseau.*

260. *Les Doctrines et les Disciples de J.-J. Rousseau.*

261. J. ZAMANSKI. — *Comment réaliser la justice dans le contrat de salariat.*

262. H. DU ROURE. — *Le règlement d'atelier et le contrat de travail.*

263. *Le Syndicat ? Pourquoi ? Comment ?*

264. G. GUITTON. — *L'Action Syndicale au regard de la doctrine catholique.*

265. P. CONSTANT. — *Les Sociétés d'aide et d'assistance mutuelle à la campagne.*

266. M. GUÉRIN. — *Les « Démocrates » du Centre.*

267-268. Em. LACOMBE. — *Le Socialisme agraire existe-t-il ?*

269. JEAN-PIERRE. — *Petits Métiers et Petites cultures.*

270. JEAN-PIERRE. — *Petites Industries et Petits élevages.*

271. O. JEAN. — *Le Problème du travail : La Solution collectiviste.*

272. Claire GÉRARD. — *Syndicalisme féminin et Bourses du Travail.*

273. J. HACHIN. — *Guide pratique des Retraites ouvrières.*

274. M. POTRON. — *Possibilité et détermination du juste prix et du juste salaire.*

275. *Le Comité d'Initiative rurale.*

276. Alexandre SOURIAC. — *La valeur sociale du Referendum et de l'initiative populaire.*

277. G. GUITTON. — *L'éducation ouvrière par les semaines syndicales.*

278. DE GIBERGUES. — *La crise de l'apprentissage.*

279. J. DELACHÉNAL. — *Les petits domaines agricoles.*

280. A. DIEUX. — *Les résultats des œuvres sociales à Moyenneville.*

281. H. COUGET. — *L'Emigration vers Paris et les Associations provinciales.*

282. Ch. VIENNET. — *Le Syndicat des Employés du Commerce et de l'Industrie.*

283. Ch. DESSAINT. — *La Vie chère et les Octrois municipaux.*

284. O. JEAN. — *Le Problème du travail : La Solution chrétienne : Exposé d'ensemble.*

Bar-le-Duc. — Impr. Brodard, Meuwly et Cⁱᵉ. — 6237,5,13.

BROCHURES DE L'ACTION POPULAIRE

(Suite.)

285. H. CRINON et M. TAILLIANDIER. — *La Désertion des campagnes : les causes et les remèdes.*
286. G. DESBUQUOIS. — *La lettre du Cardinal Merry del Val au comte de Mun.*
287. J. HACHIN. — *Le droit des Syndicats d'agir en justice.*
288. R. DE BLIC. — *La Crise Viticole et les Coopératives de production en Côte-d'Or.*
289. J. RULLIER. — *L'Antimilitarisme Socialiste.*

501. *L'Eglise et le Pape. Pages apologétiques.*
502. *Vers l'Idéal. Pages morales.*
503. G. VANDENBUSSCHE. — *Les Cercles d'Etudes élémentaires.*
504. G. BARBEZ. — *L'action sociale catholique au cabaret.*
505. P. BRUNO. — *Romans-Revue et ses annexes.*
506. J. DE LORME. — *L'Apostolat à la Caserne.*
507. A. YVETOT et P.-J. THOMAS. — *I. La Fête du Travail. — II. La Corporation de Saint-Fiacre à Nantes.*

Action Populaire

SÉRIE SOCIALE

René de BLIC

LA CRISE VITICOLE

et les

Coopératives de production

EN COTE-D'OR

8ᵉ Mille.

Le numéro : 0 fr. 25

PARIS	REIMS	PARIS
Maison Bleue	**Action Populaire**	**Victor Lecoffre**
4, rue des Petits-Pères, 4	5, rue des Trois-Raisinets, 5	90, rue Bonaparte, 90

Tous droits réservés.

TABLE DES MATIÈRES

LA CRISE VITICOLE

 et les Coopératives de Production

EN COTE-D'OR

Dans la vie économique comme dans le domaine moral, l'isolement est source de faiblesse, l'union une condition de force ; et ce fut l'une des plus graves fautes de l'époque révolutionnaire que d'avoir méconnu ce principe, en enseignant à l'homme qu'il ne relevait que de sa seule raison. — Doctrine d'orgueil qui faisait disparaître toute autorité, et avec elle toute association, puisqu'une société, quelle qu'elle soit, ne peut subsister sans une volonté qui s'impose à elle et la dirige.

Mais comme il arrive souvent, les nécessités engendrèrent une réaction, démentant les théoriciens de l'individualisme, et, vers la fin du xixe siècle, de nouveau les associations apparurent.

Seul le milieu agricole résista longtemps à un mouvement dont, autant et plus que d'autres peut-être, il avait grand besoin, et si, aujourd'hui, certaines formes de l'union — syndicats, caisses de crédit, assurances mutuelles — commencent à être plus répandues, combien de ces institutions végètent, combien n'existent que sur le papier, combien restent à fonder !

La coopération agricole qui, en Danemark notamment, a été un remède puissant contre la crise agricole, ne serait, dit-on, représentée en France que par 2.600 coopératives de production et de vente[1], comprenant surtout des fruiteries et des laiteries. La viticulture n'aurait organisé que 40 caves coopératives, encore convient-il d'ajouter qu'elles sont concentrées presque exclusi-

---

1. Voir, pour plus de détails sur la statistique, le Guide social 1912, p. 336 et suivantes.

vement dans les départements du Midi : le Var, l'Hérault, les Pyrénées-Orientales.

Pourtant, sans parler de la crise phylloxérique qui sévit il y a 3o ans, et dont les effets ne sont pas encore effacés, les viticulteurs se voient réduits, par plusieurs années de mauvaises récoltes et par la mévente de leurs produits, à une gêne qui deviendrait vite la misère si l'on ne s'y opposait dès maintenant. Ils le savent, ils le déplorent ; mais que font-ils pour y obvier ? Rien ou bien peu. Des efforts isolés qui n'atteignent pas le mal dans sa source. Autant dire des efforts inutiles.

Voilà pourquoi l'étude du mouvement coopératif en Côte-d'Or, pour locale qu'elle soit, offre cependant un intérêt très général; car les nécessités qui lui ont donné naissance se retrouvent les mêmes, à quelques détails près, dans d'autres régions viticoles, et le succès naissant de ces coopératives, malgré les difficultés spéciales que devaient rencontrer leurs fondateurs dans un milieu où le morcellement de la propriété, comme l'inégalité des terres et des produits, paraissent un obstacle à l'association des personnes et à la mise en commun des produits, ce succès est à la fois un enseignement et un stimulant pour les contrées où il n'existe pas encore de semblables institutions.

I

La Crise de la petite propriété viticole et la fondation des Coopératives.

Il ne sera peut-être pas inutile de rappeler tout d'abord en quelques mots quelles sont, en Côte-d'Or, les conditions de la production et de la vente des vins.

La partie de ce département consacrée à la culture des grands crus de Bourgogne est une bande de terrain étroite, qui s'étend entre Dijon et Chagny sur une longueur de 5o kilomètres environ.

Les produits que l'on y récolte sont de valeurs très différentes. Entre les vins fins recueillis sur les pentes les mieux exposées des eoteaux et les vins d'ordinaire que donnent les vignes de la plaine, existent de nombreuses catégories. L'exposition du terrain, sa nature, le plant, la taille, sont quelques-unes des causes permanentes de cette variété. Il faut y ajouter les influences accidentelles — gelées, grêles, pluies, sécheresse, maladies — qui, d'une année à l'autre, modifient profondément la qualité et la quantité. Aussi voit-on la pièce de vin (228 litres environ) d'un même cru osciller entre cent et douze cents francs. Les vins fins et les grands ordinaires étant d'ailleurs objets de luxe, il règne déjà, de ce seul fait, une certaine instabilité dans les débouchés et les cours.

Dans la région viticole, dont on vient de fixer les limites, la petite propriété est très répandue et très morcelée. Beaucoup de vignerons qui travaillent pour le compte d'autres propriétaires possèdent eux-mêmes quelques ouvrées de vignes (il faut 24 ouvrées pour faire un hectare), de rapport comme de qualité très variables ; et, quels que soient les avantages économiques et sociaux de la petite propriété, il faut reconnaître qu'elle entraîne de nombreuses difficultés pour la production et la vente des vins.

Le matériel vinaire du petit vigneron est généralement insuffisant, parce que la récolte qu'il fait n'a pas assez d'importance pour lui permettre d'assumer les frais d'une installation plus perfectionnée. D'ordinaire il doit louer un pressoir. Or le prix de location est une charge plus lourde que l'amortissement du prix d'achat. Puis on ne trouve pas toujours un appareil libre, et le retard qui s'ensuit peut avoir sa répercussion sur la qualité du vin.

Un autre désavantage plus sérieux du vigneron propriétaire, c'est qu'il lui est souvent difficile de faire une cuvée homogène. Pour que la fermentation se fasse dans de bonnes conditions, la cuve doit être de taille suffisante et suffisamment remplie. Quand on n'a pas la quantité de raisins fins nécessaire pour réaliser ces conditions, on en est réduit à compléter sa cuve avec des produits de qualité inférieure, ce qui fait perdre au vin sa finesse. Ou bien, si le complément fait défaut, on vend sa récolte en raisins, ce qui, comme on le verra, offre de sérieux inconvénients.

En supposant ces difficultés vaincues, et le vin fabriqué, pour le conserver il faut un bon cellier : beaucoup n'en ont que d'insuffisants.

Puis les vins sont d'une complexion délicate, sujets à une foule de maladies.

Il faut, pour les prévoir, des analyses soignées, donc des instruments, des remèdes, des connaissances techniques. Or, les loisirs et la fortune permettent au grand propriétaire d'acquérir la science professionnelle, puis ce qui est nécessaire pour la mettre en œuvre. Il peut, tout au moins, choisir un chef de cave expérimenté pour diriger cette partie de son exploitation. Le vigneron isolé et sans ressources ne peut l'imiter. Il existe, sans doute, dans certaines villes, à Dijon, à Beaune, des stations œnologiques dont les directeurs sont des spécialistes habiles et d'une complaisance à laquelle il convient de rendre hommage. Mais c'est encore une source de frais, et puis on ose à peine demander à une institution officielle d'analyser un échantillon prélevé sur une cuvée aussi exiguë.

La situation d'un petit propriétaire autonome est donc précaire lorsqu'il s'agit de produire le vin. Elle s'aggrave encore quand il veut vendre sa récolte, surtout s'il est obligé, comme il arrive fréquemment, de la vendre en raisins. Un négociant ne se déplace pas volontiers pour aller examiner à plusieurs kilomètres quelques paniers de vendanges.

Un associé d'une importante maison de commerce de la région, très charitable et qui voit avec peine le sort du vigneron, déclare que de pareilles affaires sont, au point de vue commercial, presque coûteuses, en tout cas fort incommodes. Il considère ces achats plutôt comme une bienfaisance que comme un élément de son négoce. Or, tous les commerçants n'ont pas de pareils sentiments.

Si le vigneron fait lui-même son vin, les mêmes raisons en détournent le négociant, et en plus, la crainte que le vin n'ait pas reçu tous les soins désirables ; on vient de voir pourquoi.

En présence de ces difficultés, le propriétaire pourrait être tenté de vendre directement au consommateur. A quelques exceptions près, cela n'est guère possible pour les vins fins, parce que, d'une année à l'autre, le produit d'une même vigne est de qualité trop variable. Or, le client aime la constance des qualités du vin qu'il a l'habitude d'acheter ; et le commerçant, — et dans une mesure moindre le grand propriétaire — sont seuls à même de la lui assurer. D'ailleurs le consommateur tient souvent plus à l'étiquette portant le nom d'un clos renommé qu'au contenu de la bouteille. Puis, d'instinct, il préfère s'adresser à des gens connus.

Et pourtant il faut de l'argent pour nourrir sa famille et cultiver ses vignes. Où le prendre ? En Côte-d'Or, la caisse rurale est encore peu répandue. Elle ne pourrait d'ailleurs assumer la charge de nourrir une partie notable de la population pendant plusieurs mois. Et c'est ce qu'il faudrait si le propriétaire voulait être plus indépendant des négociants, sans sortir de son isolement. Car la période active des ventes ne commence guère qu'au mois de mars, c'est-à-dire 5 mois après la vendange. Ces conditions de crédit sont généralement au-dessus des forces raisonnables d'une caisse locale. Ainsi le vigneron se trouve obligé de vendre à une époque inopportune en passant par les conditions qui lui sont imposées. Trop heureux lorsqu'il n'a pas à traiter avec un commissionnaire qui, lui aussi, doit vivre, et, par conséquent, diminue le prix du bénéfice maximum qu'il peut s'attribuer.

La situation du petit propriétaire a été encore aggravée par deux années de mauvaise récolte. En 1910, il n'y a pas eu de vendange. En 1911, les plants, épuisés l'année précédente, ont dépensé toute leur sève pour se reconstituer, et la sécheresse aidant, la récolte s'est réduite au tiers, en certains endroits au dixième seulement de la production normale.

Sous l'influence de cette crise, les vignerons ont enfin compris la nécessité de s'unir. A Vosne, une coopérative avait été fondée deux ans plus tôt. Quelques conférences faites dans les communes environnantes déclanchèrent les volontés hésitantes, si bien qu'en août-septembre 1911, dans le court espace d'un mois avant les vendanges, Nuits, Chambolle, Morey, Brochon, avaient leurs coopératives.

Les statuts de l'œuvre de Morey contiennent une déclaration qui en résume bien la nécessité et le but :

« Le territoire de la commune de Morey, renfermant les crus
« les plus réputés de la Bourgogne, le but de la coopérative est de
« permettre aux petits propriétaires vignerons de se grouper pour
« retirer un meilleur profit de leur récolte. Depuis trop d'années,
« les petits propriétaires vignerons sont dans l'alternative de
« vendre leurs raisins souvent à des prix dérisoires ou de faire
« leurs vins dans des conditions désavantageuses, parce qu'ils
« ne peuvent pas faire de cuvées homogènes ou qu'ils sont obligés
« de mélanger leurs raisins fins de pinot avec leurs raisins ordi-
« naires de gamay. Il est incontestable qu'en se groupant pour
« faire leurs vins, les avantages qui en résulteront seront multiples.
« Les cuvées pouvant être faites par 15, 20 ou 25 pièces, la fer-
« mentation, de ce fait, sera plus active, plus régulière que par
« cuvée de 2 ou 3 pièces, et, par conséquent, la qualité sera supé-
« rieure. En faisant la cuvée séparément, le petit vigneron qui
« possède des crus différents était dans l'obligation de mélanger
« les crus supérieurs avec les inférieurs.

« Le groupement des petits vignerons permettra de faire une
« sélection avantageuse en faisant des cuvées réunissant les
« raisins d'un même climat. Il sera ainsi possible de faire des
« cuvées ayant des caractères différents et comprenant toute la
« gamme de qualités des vins fins récoltés sur le territoire.

« Depuis vingt années, en comparant le prix de vente des
« raisins vins avec celui des vins fins, on constate un écart qui
« laisse toujours un bénéfice à l'intermédiaire acheteur de raisins.
« Et, comme prix de vente des vins fins, nous envisageons seule-
« ment les ventes faites au commerce en gros.

« Pour faire le vin, le vigneron était d'abord dans l'obligation de
« faire les dépenses nécessaires : achats de fûts neufs, sucre... et
« d'attendre parfois plusieurs années pour vendre le vin. Toutes
« ces difficultés ont été surmontées, et la coopérative, en trouvant
« les fonds nécessaires à son fonctionnement, a été établie d'après
« les statuts légalement approuvés. »

II

Organisation des Coopératives.

Les cinq coopératives dont nous abordons l'étude sont soumises à des statuts qui ne diffèrent entre eux que par quelques détails.

Les personnes qui désireraient fonder une œuvre semblable trouveront, d'ailleurs, tous les renseignements nécessaires, à l' « Office des renseignements agricoles » au Ministère de l'Agriculture, ou encore aux divers centres d'informations économiques et sociales.

Les coopératives viticoles de la Côte-d'Or se sont conformées aux statuts-types du Ministère de l'Agriculture. Ce sont des sociétés civiles régies par les articles 1832 et s. du Code civil, et la loi du 29 décembre 1906. — On sait que d'autres formes juridiques peuvent être adoptées : société en nom collectif, société anonyme à capital variable, et peut-être, sous certaines conditions, simple association régie par la loi du 1er juillet 1901.

La société civile offre sur la société anonyme deux avantages : les formalités de constitution sont plus simples et moins onéreuses. On lui reproche, il est vrai, d'entraîner la responsabilité illimitée de l'associé, la prohibition de la vente au public, le défaut de personnalité civile.

La responsabilité sociale de l'associé n'est pas illimitée ; il doit seulement couvrir, des dettes de la société, une part proportionnelle à son apport. Il est vrai que le risque est indéterminé, et que d'aucuns, peut-être, seront tentés de s'en effrayer. Il convient de leur faire observer que l'hypothèse de grosses dettes sociales n'est pas à redouter d'ordinaire ; on ne voit pas, en effet, que le genre d'opérations auxquelles se livre la coopérative puisse nécessiter de forts engagements de dépenses ; d'ailleurs, un emprunt ne peut être contracté qu'avec l'autorisation de l'assemblée générale ; au reste les administrateurs ont tout intérêt à ne pas augmenter des charges dont ils seraient, eux aussi, responsables.

La prohibition de la vente au public n'est un inconvénient sérieux que pour les coopératives de consommation, car les vignerons constitués en société par l'intermédiaire de laquelle ils vendent le produit de leurs terres ne font pas acte de commerce, et par conséquent il n'est pas nécessaire qu'ils adoptent pour leur coopérative une forme commerciale. On objecte, à la vérité, que la forme civile empêchera celle-ci d'acheter du raisin ou des vins à d'autres qu'à ses membres, pour compléter une cuvée ou une vente collective. Entrave assez légère, semble-t-il, car faits d'une façon accidentelle, ces achats et ces ventes n'enlèveraient pas à la société son caractère civil ; on peut d'ailleurs y obvier en insérant dans les statuts une clause prévoyant l'admission immédiate des petits vignerons qui voudraient faire entrer leurs récoltes dans la cuvée ou la vente collective de la coopérative. Celle-ci, semble-t-il, n'a pas intérêt à multiplier ces opérations avec d'autres membres que ses associés. Car, d'une part, elle se prive ainsi des avances éventuelles de l'Etat, et, d'autre part, elle perd, ce faisant, son caractère coopératif, elle se détourne donc de son but primordial.

Reste la question de la personnalité civile. La Cour de cassation leur a reconnu, dans plusieurs arrêts, cette personnalité qu'on leur contestait. En conséquence, les sociétés civiles ont tous les avantages attachés à la personnalité : droit d'agir en justice, affectation des biens de la société aux créanciers sociaux à l'exclusion des créanciers des sociétaires, etc.

La société est ouverte aux viticulteurs propriétaires ou fermiers, ainsi qu'aux femmes majeures remplissant les mêmes conditions. Mais celles-ci ne peuvent participer ni à l'administration, ni au contrôle.

Les statuts exigent que les membres fassent partie d'un syndicat agricole, afin de pouvoir participer aux avantages concédés par la loi du 29 juillet 1906. Là où il n'en existait pas, on en a fondé, ce qui ne sera pas le résultat le moins utile de l'œuvre à la condition, bien entendu, que ces institutions n'existent pas seulement sur le papier, mais qu'elles prennent tout le développement dont elles sont susceptibles.

Les nouveaux associés doivent être agréés par le Conseil d'ad-

ministration et payer un droit d'entrée. Les personnes munies
d'une licence de négociants en vin sont nécessairement exclues.

Tout membre peut-il démissionner à son gré ? A la veille des
vendanges, un propriétaire coopérateur peut avoir intérêt, si sa
récolte est abondante, à se retirer. Que d'autres l'imitent, et l'on
devine quel trouble jettera cette retraite imprévue dans le fonctionnement de la coopérative. Ce danger a frappé les sociétaires
de Chambolle, et par un acte annexé aux statuts, ils se sont liés
pour 10 ans à leur institution. — Ailleurs la démission est facul-
tative, mais, conformément au droit commun, le démissionnaire
reste tenu durant 5 ans des dettes sociales nées avant son départ.
En général, les statuts ajoutent qu'il ne pourra prétendre au
remboursement de ses apports qu'au bout de 5 ans, et jamais à
sa contribution au fonds de réserve. D'autres décident même
qu'il n'aura droit à aucun remboursement.

L'exclusion est prononcée par le Conseil d'administration. Elle
est obligatoire pour le membre qui a nui à la société. Dans tous
les cas, l'exclu, dans un délai de six mois, peut demander à être
entendu par une assemblée générale extraordinaire.

On remarquera que les statuts ne tiennent pas compte, pour
l'admission des membres, de l'importance des propriétés. Et
pourtant la société est fondée dans l'intérêt seulement des classes
moyennes de la viticulture. Ce silence s'explique aisément ; toute
limite fixée par un règlement est nécessairement rigide et par
conséquent s'adapte mal à la variété des situations. Elle peut être
utile, nécessaire même, lorsqu'elle régit un territoire étendu,
parce que sans elle d'autres inconvénients plus graves seraient à
craindre. Mais dans le cas présent, il était préférable de laisser,
comme on l'a fait, toute initiative au Conseil d'administration,
parfaitement à même de connaître et d'apprécier équitablement
les circonstances locales qui militent pour ou contre l'admission
d'un candidat. Il est d'ailleurs probable que ceux-là seulement
la demanderont qui y ont quelque intérêt, c'est-à-dire les petits
propriétaires.

Tout sociétaire doit souscrire, lors de son entrée, autant de
parts qu'il a de journaux de vignes (34 ares, 28), ou une part par
40 ares (à Brochon). Leur montant est variable : 50 francs à Nuits,

40 à Morey, 25 à Brochon... Dans certaines coopératives on exige la libération immédiate et entière ; dans d'autres, une fraction seulement. L'ensemble des parts constitue le patrimoine social, gage des créanciers de la société. Il appartient à chaque coopérative de déterminer ce qu'elle peut exiger de ses membres. Un gros patrimoine, donnant plus de crédit, permet de traiter les conditions des marchés et des emprunts à meilleur compte.

D'ordinaire, les parts ne reçoivent pas d'intérêt, sauf pourtant à Brochon, où le taux est de 3%. L'intérêt peut être utile pour attirer des membres, surtout si le montant de l'apport est élevé. Il est d'ailleurs équitable, puisqu'un capital géré avec prudence rapporte régulièrement à son détenteur un produit qui n'est pas sujet, comme celui de la vigne, à de grandes variations.

Mais l'intérêt est pour la coopérative une charge fixe, donc relativement plus lourde une année mauvaise qu'une bonne. Et dans ce cas, le coopérateur, propriétaire d'un petit bien, sera peut-être choqué de voir dans ses bénéfices une diminution plus que proportionnelle à celle de sa récolte, au moment même où l'argent lui fait le plus défaut.

Nous ne dirons qu'un mot de l'administration des coopératives, la partie des statuts qui la concerne étant commune à toutes les sociétés analogues.

La gestion appartient à un Conseil d'administration renouvelable par tiers tous les ans. Il comprend six membres. A Nuits, il y en a un septième inamovible qui est le professeur d'agriculture de la ville.

Une Commission de contrôle et de surveillance surveille la comptabilité et la gestion du Conseil.

Les contestations entre les membres et la société sont d'abord soumises à l'examen du Conseil, puis au juge de paix si une entente amiable est impossible.

III

Fonctionnement des coopératives.

Le but de la coopérative de Nuits est, d'après les statuts : « La mise en commun des raisins produits par ses membres, leur transformation en vin et la vente de ceux-ci, l'acquisition ou la construction des immeubles et du matériel nécessaires à la transformation des raisins et à la conservation des vins. »

A quelques détails près, c'est aussi le but des autres sociétés.

Nous avons dit combien la qualité des produits de la vigne est variable d'une année et d'une contrée à l'autre. Les coopératives ont donc une première question à résoudre : Accepteront-elles tous les raisins, ou seulement certaines qualités ? Jusqu'à présent on n'admet que les raisins susceptibles de donner des vins fins.

Ainsi le règlement de Chambolle porte en son article 3 :

« Tout coopérateur devra livrer exclusivement du pinot fin ; « sont admis également les pinots Chardonnay et les pinots gris, « dits Burot. Le gamay est rigoureusement exclu. »

A Brochon pourtant on admet les grands ordinaires.

Le plant n'est pas le seul élément qui influe sur la qualité. Celle-ci dépend encore de l'exposition et de la situation du vignoble ; les produits récoltés sur les pentes des coteaux sont en général plus fins que les vins de plaine. Aussi les règlements fixent-ils une limite au-dessous de laquelle les récoltes ne sont plus acceptées. Un autre facteur de la qualité est la culture : voilà pourquoi quelques jours avant les vendanges, le bureau doit visiter les vignes, et si quelques-unes d'entre elles sont mal entretenues, ou ont été « taillées à fruits », leurs produits sont exclus. Le même sort est réservé aux livraisons de vendanges malpropres.

Comme, malgré ces éliminations, les raisins qui peuvent être admis sont encore de valeurs très diverses, on a divisé le territoire en plusieurs zones ; et afin d'éviter qu'un propriétaire peu scrupuleux mélange des produits de diverses catégories, chaque zone est vendangée à une époque différente, fixée par le Bureau.

Chaque sociétaire doit fournir toute sa récolte, et la sienne seulement. Il lui serait difficile de tromper sur ce point, parce que dans un même village, on sait, à peu de chose près, le maximum que chaque parcelle est susceptible de rapporter, et le Bureau, au cours de ses tournées d'inspection, a pu s'en faire une idée suffisamment précise. Toute fraude entraîne d'ailleurs l'exclusion d'office, et la rigueur de cette mesure agira préventivement sur les consciences trop larges.

Un tempérament a été, du reste, apporté à la règle, et chaque membre peut réserver pour sa consommation personnelle, en observant certaines conditions, une petite provision.

La vendange faite, il faut un local, et tout un matériel pour fabriquer le vin. La plupart des coopératives, constituées à la veille des vendanges, ont dû se contenter, pour la première année, d'installations provisoires. Dans certains villages, on a loué un magasin pour un an, ailleurs un membre a prêté le sien. Au reste, la récolte ayant été peu abondante, et les sociétés l'ayant vendue au sortir de la cuve, le matériel nécessaire s'est trouvé fortuitement et fort heureusement très restreint.

Mais on ne peut rester dans cette situation précaire, il faudra dans l'avenir s'assurer une cuverie et un magasin pour conserver le vin jusqu'à la vente. Telle est bien l'intention des sociétaires. Quelques-uns même, dit-on, encouragés par les premiers résultats, voudraient que l'on fît construire des bâtiments. Cette mesure peut être avantageuse ; il convient toutefois de n'y recourir qu'avec une grande prudence, sans oublier que la « manie de la pierre » est coûteuse, et que la première campagne des nouvelles coopératives leur fut exceptionnellement favorable : les commerçants, dont les stocks étaient épuisés par la diminution de la production, s'adressèrent un peu partout où ils trouvaient des vins à vendre, et se montrèrent très coulants pour fixer les conditions. Vienne une récolte abondante, et les coopératives attendront peut-être plusieurs mois un acheteur qui débattra sérieusement les clauses du marché.

Avant donc d'entreprendre des constructions onéreuses, il est sage de rechercher si la location ne serait pas possible et plus économique.

Quoique la société puisse vendre ses produits en raisin, elle a généralement tout avantage à fabriquer elle-même le vin. C'est au Conseil d'administration qu'on réserve le soin de choisir un chef de cave.

Les coopérateurs de Morey ont eu une heureuse initiative. A l'invitation du directeur de la station œnologique de Beaune, ils se sont proposé d'envoyer l'un d'eux suivre les cours de cet établissement.

Tous les vignerons possèdent les notions pratiques nécessaires pour effectuer la vinification ; ce qui leur manque plus souvent, ce sont les connaissances théoriques. Or il en faut de sérieuses pour obtenir et garder, malgré toutes les maladies, la finesse du produit.

La fabrication du vin laisse des résidus constitués par la peau du raisin, les pépins, la grappe. Ils peuvent être utilisés, soit pour faire des « piquettes » dans les limites permises par les lois, soit pour la distillation, soit encore comme engrais.

Les statuts semblent avoir omis de régler l'emploi qui en serait fait. A Gaillac, dans le Tarn, la coopérative distille elle-même les résidus.

La fabrication et la conservation des vins clôt la série des opérations matérielles auxquelles doit se livrer la société, et une nouvelle fonction plus délicate à remplir prend naissance : c'est la vente des récoltes.

C'est généralement au Conseil d'administration qu'il appartient de fixer les prix. Il prend comme base de ses évaluations les cours moyens de la région, que l'on connaît d'ordinaire, avec plus ou moins de précision. La stabilité des prix, quels qu'ils soient, et leur maintien à un taux élevé, sont favorisés par l'importance du marché et l'existence de monopoles.

Aussi serait-il à souhaiter que les coopératives, tout en conservant leur autonomie, s'entendent pour la vente de leurs produits, fixant, par exemple, un prix maximum et un minimum, ainsi que les clauses essentielles des marchés. Sans cette union, elles courront le risque de se nuire par une mutuelle concurrence.

Ces vœux ont d'ailleurs été formulés par plusieurs, et se réaliseront, sans doute, dans l'avenir. Cette année déjà, un premier pas a été fait dans ce sens. Il fut décidé entre deux sociétés que celle qui vendrait la première sa récolte ferait aussitôt savoir à l'autre à quel prix s'était conclu le marché. Ce qui fut fait.

Le président vendeur, dès qu'il se fut entendu avec le négociant, dépêcha un cycliste à son collègue pour lui porter les renseignements convenus. Et celui-ci, quelques heures plus tard, sachant jusqu'à quel prix ce même négociant se porterait acquéreur, obtenait des conditions identiques.

Plusieurs règlements ont imposé d'avance aux négociateurs certaines clauses du marché, comme le paiement comptant ou dans de très courts délais et sans escompte.

Lorsque la récolte sera bonne, l'offre abondante, et que, par conséquent, les commerçants ne seront pas dans la nécessité de s'adresser aux coopératives, ils admettront peut-être difficilement ces conditions. Les statuts, il est vrai, les conseillent sans les rendre obligatoires.

Au reste, les coopératives ne peuvent-elles s'adresser directement aux consommateurs, sans passer par l'intermédiaire du négociant ? Ce serait, pour le consommateur, une garantie de l'origine des produits et de sa qualité naturelle. Le producteur retiendrait ainsi les bénéfices que se réserve le négociant et pourrait en consacrer une partie à abaisser les prix de vente.

La « Cave syndicale des propriétaires vignerons de Bourgogne », dont le siège est à Dijon, s'est engagée dans cette voie. Mais il faut tenir compte de la nature spéciale de cette coopérative : elle groupe grands et petits propriétaires, reçoit tous les vins, quelle que soit leur qualité. L'étendue du champ de ses opérations lui permet de remplir un rôle dont doivent s'abstenir les coopératives plus modestes, si elles ne veulent encourir le risque d'un échec. — Elles seraient obligées d'entretenir un personnel de commissionnaires coûteux. Elles manqueraient d'ailleurs, probablement, des qualités professionnelles qui font les bons commerçants, et ne s'acquièrent qu'au prix d'une longue pratique. Puis, ce serait une source de dissentiments continuels entre sociétaires. Surtout, le consommateur hésiterait, sans doute, à s'adresser à la coopérative, parce qu'il veut des produits de qualité sensiblement constante et que, nous l'avons dit, le producteur ne peut atteindre ce résultat. Actuellement, les coopératives semblent adopter cette opinion.

Que l'on recoure à l'intermédiaire des commerçants, ou que l'on vende directement au consommateur, on ne peut écouler immédiatement toute la production.

On a vu, d'ailleurs, que l'un des buts de la coopérative est de permettre de vendre les vins à des conditions avantageuses. Et, pour cela, deux choses sont nécessaires : faire une offre suffisante en quantité, comme en qualité, et pouvoir attendre les occasions favorables. Mais il se peut que les ressources du petit propriétaire ne lui permettent pas de faire face à ses dépenses courantes jusqu'à cette époque. Il est donc utile que la coopérative puisse lui faire une avance garantie par la récolte qu'il a livrée. Les statuts des différentes coopératives de la Côte-d'Or y ont pourvu. C'est l'assemblée générale qui fixe le principe des avances et la proportion entre la valeur des produits livrés par le producteur et le montant des sommes qui pourront lui être allouées.

Le Conseil d'administration est chargé de liquider la part qui revient à chaque sociétaire. Ainsi, dès le mois de novembre, les associés peuvent bénéficier de leurs récoltes.

Pour faire ces avances, pour assurer l'installation, le fonctionnement des divers services de la coopérative, plus tard pour étendre ces services, ou perfectionner le matériel, des sommes considérables peuvent être nécessaires. Afin de pouvoir se les procurer à des conditions favorables, on a fondé dans plusieurs communes des Caisses de crédit agricole.

On sait que les fonds des caisses de crédit peuvent leur venir de sources diverses. Elles empruntent aux capitalistes gros ou petits de la région, qui, par malheur, ne s'intéressent guère à ces œuvres, ignorant, oubliant peut-être, qu'elles offrent de grosses garanties. Elles empruntent aux caisses régionales sur les sommes que celles-ci reçoivent de l'Etat utilisant des fonds avancés à cet effet par la Banque de France.

Une partie des avances de la Banque de France est exclusivement destinée aux coopératives agricoles. Elle est versée, en tout ou en partie, facultativement et gratuitement, aux Caisses régionales, qui reçoivent les demandes des coopératives et les transmettent au ministère de l'Agriculture. C'est au ministre, en effet, qu'il appartient de décider, après avis d'une commission, si l'avance sera consentie. Une loi du 29 décembre 1906 détermine certaines conditions que doivent remplir les coopératives agricoles pour avoir droit aux avances de l'Etat.

Il est à souhaiter que les coopératives, comme les caisses de crédit, usent le moins possible des avances de l'Etat. Car, comme ces avances sont faites gratuitement aux caisses régionales, et, par elles, à un taux peu élevé aux bénéficiaires, ceux-ci qui, habitués à trouver facilement du crédit à bon marché, n'auront fait aucun effort personnel en vue de se le procurer, éprouveront de grosses difficultés pour découvrir ailleurs les ressources dont ils auront besoin, si quelque jour, pour une raison ou pour une autre, l'argent de l'Etat vient à manquer.

Puis accepter l'argent de l'Etat, c'est se soumettre en même temps à son contrôle, c'est s'obliger à remplir certaines conditions, à limiter ses opérations. Il est à craindre enfin — on en a vu la preuve dans la Côte-d'Or à plusieurs reprises — que le gouvernement n'use de la faculté qui lui est donnée d'accorder les avances et d'en surveiller les bénéficiaires pour diminuer l'indépendance civique des agriculteurs et vignerons.

L'idéal serait donc que, dans la suite, lorsque sera faite l'éducation des vignerons au milieu desquels elle fonctionne, et dissipées leurs préventions et leurs défiances contre la caisse de crédit, celle-ci trouvât sur place, dans les économies des bas de laine, l'argent destiné à être prêté aux coopératives ou à leurs membres. On sait que les *Caisses rurales à responsabilité solidaire illimitée* ont l'ambition de vivre ainsi par leurs propres moyens et y ont réussi dans nombre d'endroits.

Conclusion.

Il serait prématuré de porter une appréciation sur une œuvre dont la fondation est si récente, et dont le fonctionnement n'a encore été qu'ébauché. Tout au moins doit-on reconnaître qu'elle répond à une nécessité pressante.

Trop longtemps, l'agriculteur et le viticulteur sont restés dans un isolement funeste à leurs intérêts professionnels, tandis qu'autour d'eux, dans les classes ouvrières, l'association se développait et qu'eux-mêmes en avaient fait l'apprentissage en s'unissant pour la défense de leurs opinions politiques. L'association professionnelle, sous une forme ou sous une autre, est une institution de tous les temps, mais dont l'utilité se fait plus vivement sentir dans une nation où la constitution s'inspire du régime démocratique et où l'esprit égalitaire « place les hommes à côté les uns des autres, sans lien commun qui les retienne ».

Plus que d'autres, les membres des classes moyennes — petits propriétaires, petits industriels, petits commerçants — ont besoin de s'unir, s'ils veulent résister aux grosses entreprises qui deviennent chaque jour plus puissantes et qui les balaieront tôt ou tard, s'ils ne savent les imiter.

Ils doivent veiller à leur conservation non seulement pour eux-mêmes, mais aussi, surtout peut-être, dans l'intérêt de la nation. Car, comme ils ont goûté du bien-être assez pour en connaître la saveur, trop peu pourtant pour en être rassasiés, ils sont plus attachés à sa recherche, et partant, c'est chez eux que l'on trouve développés, avec le plus d'intensité, le goût du travail, l'esprit d'invention et la prévoyance, trois puissants facteurs de la richesse nationale.

La classe moyenne est aussi un facteur de la paix sociale, car, servant d'échelon entre les pauvres et les riches, elle laisse à ceux-là l'espoir d'égaler un jour ceux-ci, et stimule leur activité en même temps qu'elle fait diversion aux sentiments de haine et d'envie.

Tout en conservant assez d'indépendance pour laisser s'épanouir leurs qualités personnelles, ses membres trouveront dans l'union un moyen de se procurer les avantages de la grande entreprise et de soutenir sa concurrence. Leur association réussira dans la mesure de l'esprit de renoncement qu'ils y apporteront. Le mot peut paraître mystique, il est pourtant exact : s'associer, c'est supporter le contact de certaines personnalités qui déplaisent, c'est remettre à d'autres la gestion d'une partie de son patrimoine, c'est garantir des engagements et des dettes dont on n'est point l'auteur, bref, c'est sortir un peu de soi pour se confier ou venir en aide à d'autres : c'est bien se renoncer.

Voilà comment cette petite institution d'un modeste village, qu'est la coopérative viticole, prend une importance singulière, en se rattachant à de graves et grandes questions nationales, en même temps qu'elle s'anoblit en puisant la vie à la substance même de l'Evangile, aux deux principes fondamentaux de la religion catholique : le renoncement et le dévouement.

René de Blic.

BROCHURES de l'ACTION POPULAIRE

L'exemplaire : 0 fr. 25 franco.

194. Fr. LAURENTIE. — *La Protection de l'enfance.*
195. Henry MOINECOURT. — *L'Assistance judiciaire et ses abus.*
196. Mlle ROCHEBILLARD. — *L'Enseignement professionnel des jeunes filles.*
197. Abbé J. FRANÇOIS. — *Mutualités caprines en France.*
198. Paul NORMAND D'AUTON. — *Une élite.*
199. A. ALBARET. — *Les erreurs du Syndicalisme français.*
200. Léon de SEILHAC. — *La Propriété individuelle.*
201. P. J. THOMAS. — *Un groupe de caisses rurales.*
202. Comte Henri de BOISSIEU. — *Le Mouvement des Syndicats ouvriers chrétiens en Belgique.*
203. F. LAURENTIE. — *Les mousses de la marine marchande et des navires de pêche.*
204. P. J. TUSTES. — *L'initiation des Séminaristes aux études et aux œuvres sociales.*
205. G. PORET. — *Les Coureuses de Cachet.*
206. L. DELPÉRIER. — *L'Inspection du Travail.*
207. L. FLAMENT. — *Un Syndicat de Marins Pécheurs.*
208. Ch. SENOUTZEN. — *L'Ecole dentellière de Burano.*
209. Albert NAST. — *Clercs d'autan et d'aujourd'hui.*
210. Mlles H.-D. — *Protection catholique internationale.*
211. C. C. — *Journal d'une Demoiselle de magasin.*
212. H. SAVATIER. — *L'Impôt sur le Revenu.*
213. G. DAMERVAL. — *Nos Gymnastes.*
214. Jos. PICAVEZ. — *Le travail de nuit des boulangers.*
215. Vte de COURCY. — *Que faire à la campagne ?*
216. J. TUSTES. — *L'Initiation des Séminaristes aux études et aux œuvres sociales (2e partie).*
217-218. Du COETLOSQUET. — *Au Paraguay : Missionnaires et Œuvres sociales.*
219. J. DESSAINT. — *La Représentation proportionnelle.*
220. A. CHENAL. — *La Chanson et l'Evolution sociale.*
221. Abbé CETTY. — *Le Cercle ouvrier de Saint-Joseph de Mulhouse.*
222. E. BEAUPIN. — *Comment lutter contre l'alcoolisme.*
223. G. de SINÉTY. — *Etablissement d'une Caisse de Prévoyance dans un village réfractaire aux idées mutualistes.*
224. X... — *Sept ans d'apostolat dans une Paroisse des Alpes Varoises.*
225. P. de VEYRIÈRES. — *Ligue populaire des Catholiques de Hollande.*
226. J. HACHIN. — *Le Bien de famille et la loi du 12 juillet 1909.*
227. J. COUNIL. — *La Presse au village.*
228*. J. ZAMANSKI. — *Réflexions sur « La Barricade ».*
229. Abbé JARROT. — *Un Groupe interparoissial de Jeunesse.*
230. G. et S. de MONTENACH. — *Le Logis social.*
231*. N. DUMEZ. — *Le tissage à la main en Flandre.*
232. H.-J. LEROY. — *De l'Education du Sens social.*
233. Mme G. VASSE. — *Le Patronage Sainte-Anne de Fécamp.*
234. D. BRUNE. — *Les Résiniers des Landes.*
235. Mlle Claire GÉRARD. — *Manuel de la Fleuriste-Plumassière.*
236. Mlle Marie PERRON. — *Le Jardin d'Enfants à l'Union Familiale.*
237. Mlle Louise BLANC. — *Le Trousseau Dijonnais.*
238. Ed. BERTRAND. — *La formation des Cadets Toulousains de la J. C.*
239. J. DASSONVILLE. — *L'enseignement professionnel artistique dans les Ecoles St-Luc.*

www.ingramcontent.com/pod-product-compliance
Ingram Content Group UK Ltd.
Pitfield, Milton Keynes, MK11 3LW, UK
UKHW021710090726
13657UKWH00005B/2158